火山ビジュアルガイド ①

火山のしくみ

鹿児島県の桜島の噴火

もくじ

火山ビジュアルガイド❶
火山のしくみ

巻頭口絵 〜鹿児島県の桜島の噴火〜 ……………………………… 4

第1章 火山って何？ …………………………… 6

火山と火山でない山 ……………………… 6〜7
火山の中をのぞいてみよう ……………… 8〜9
地球の中を見てみよう …………………… 10〜11
火山ができるのはここ！ ………………… 12〜13

Q&A
そもそもマグマって何？ ………………… 8
大むかし、大陸はひとつだった？ ……… 10
ホットスポットって、地球のどんな場所にあるの？ … 12

第2章 火山の活動 …………………… 14

マグマと水蒸気のパワー ………………… 14〜15
火山はなぜ噴火するの？ ………………… 16〜17
噴火のおもなタイプと規模 ……………… 18〜19
火山から噴出する砕屑物 ………………… 20〜21
溶岩流からできる岩石 …………………… 22
火山ガスの噴出 …………………………… 23
噴火にともなう現象 ……………………… 24〜25
その他の火山現象 ………………………… 26〜27
噴火活動がまねく地震 …………………… 28〜29

Q&A
火山に寿命はあるの？ 何年くらい活動するの？ …… 17
大地震が大噴火を起こすの？ …………… 28

第3章 火山の種類と形 ……………………30

　日本に多い火山の形 ……………………30〜31
　いろいろな火山の形 ……………………32〜34
　水中や氷河の火山 ………………………35

第4章 火山のめぐみ ……………………36

　火山による地形変化 ……………………36〜37
　火山性の温泉 ……………………………38〜39
　地熱の利用 ………………………………40
　食のめぐみ ………………………………42〜43
　火山のことがわかる地形 ………………44〜45

Q&A
　火山がない場所でも、温泉があるのはどうして？ ……38
　火山のおかげで開発された、
　鹿児島県のシラス台地の名物を教えて ……………41

さくいん ……………………………………46

掲載火山 一覧

●日本の火山
有珠山（北海道）、屈斜路湖（北海道）、樽前山（北海道）、日和山（北海道）、北海道駒ヶ岳（北海道）、羊蹄山（北海道）、八幡平（秋田県・岩手県）、鳥海山（山形県・秋田県）、磐梯山（福島県）、男体山（栃木県）、榛名富士（群馬県）、草津白根山（群馬県・長野県）、浅間山（長野県・群馬県）、御嶽山（長野県・岐阜県）、西之島（東京都）、新島（東京都）、三原山（東京都）、三宅島（東京都）、箱根山（神奈川県）、白馬連峰（新潟県）、富士山（山梨県・静岡県）、羽島（山口県）、雲仙岳（長崎県）、阿蘇山（熊本県）、伽藍岳（大分県）、鶴見岳（大分県）、開聞岳（鹿児島県）、霧島山新燃岳（鹿児島県）、桜島（鹿児島県）

●世界の火山
エレバス山（南極）、カルブコ山（チリ）、キラウエア山（アメリカ）、セントヘレンズ山（アメリカ）、ニオス湖（カメルーン）、モンプレー山（西インド諸島）、ルアペフ山（ニュージーランド）

地球は生きている！
噴火の瞬間！

第1章

火山って何?

火山と火山でない山

　地球には、たくさんの山があります。山は大きく分けて、2つの種類がありますが、1つは火山、もう1つは火山ではない山です。

　火山は噴火によってできた地形です。噴火というのは、溶岩や火山灰などが地表や水中にふき出すことです。ふき出した溶岩や火山灰などが積み重なって火山という地形ができるのです。

　日本の富士山も、噴火をくり返して高くなっていった火山です(→32ページ、3巻)。

　火山でない山は、溶岩が積み重なってできた地形ではありません。長年の間、海や陸地に積もってできた地層が、強い力で押し上げられ、もり上がってできたのです。

　地層を押し上げる力の一つに、プレート※の活動があります。プレートどうしが衝突すると、地層にしわが寄ったり、断ち切れたりして、押し上げられることがあります。

　世界一の高山といわれるヒマラヤ山脈も、プレートどうしの衝突で、海の中の地層にしわが寄り、もり上がってできた山です。

※プレート 地球の表面をおおっている厚い岩の板。毎年、2cm～20cmずつ横方向に動いている(→10～11ページ)。

山梨県から見た富士山（山梨県・静岡県）
（写真提供／高田亮）

阿蘇山が噴火するようす（熊本県）
（写真提供／産総研　K.Watanabe）

ふつうの山は火山になるの？

第1章 火山って何？

火山の中をのぞいてみよう

噴火は、外からは見えない、マグマの上昇によって起きるものです。

地球の内側では、マグマが次々と生まれ、地球の表面へ向かって上がっていきます。その途中で、マグマどうしが集まって、マグマだまりをつくると考えられています（右の図❽）。

マグマはその場所で、地球の表面に出るチャンスを待っています。時には、何百年、何千年も待っているのです。

そのチャンスがきたとき、マグマは火道をつくって、さらに浅いところへ向かって上がっていきます（❼）。

そして、火口や岩の割れめから外へふき出します。これが火山の噴火です。

噴火した火山からは、火山灰、火山ガス、溶岩などがふき出します。これらは、マグマが形を変えたものです（→❶❷❺、20、21ページ）。

噴火している火山の中には、どろどろの溶岩が流れているんだ。

Q&A そもそもマグマって何？

マグマは、地球の内側にあるマントルという岩石や、地殻が溶けてできた、高温の液体だ（→10、11ページ）。温度はなんと、約900℃～約1200℃もあるよ。

マグマが生まれると、まわりの固い岩石をこわして、割れめをつくり、上へ上がっていく。そして、地下30km～40kmの場所で一休みすることもあるんだ。

その場所から、さらに浅いところへ向かい、地下数km～10kmのところにマグマだまりをつくる。そして、マグマから重い結晶がはなれると、軽くなって再び上がり始め、ついに地球の表面にふき出すんだ（→16ページ）。

火山の内部

地下にはどろどろに溶けたマグマがあると考えられている。

❶火山ガス

火山の火口や山腹から噴出するガス。地下で、マグマに溶けていたガスや、マグマから発生するガスも火山ガスとよぶ。95%が水蒸気で、ほかに、二酸化炭素、二酸化硫黄、硫化水素などの気体がふくまれている。

❷溶岩・溶岩流

火口からふき出した、マグマのことを溶岩とよぶ。その後、固まって岩石になったものも溶岩とよぶ。

また、液体状の溶岩が流れることを、溶岩流という。

❸火山の地層

噴火によって、火山灰や溶岩などの噴出物が、火山に積もっていくと、火山の地層ができる。地層のようすは噴火のしかたなどで変わってくる。

④山頂火口

火口とは、火山の噴火によってできた噴火口のこと。山頂にあるものを山頂火口という。

⑤火山灰

火口などからふき上がる、直径2㎜以下の細かい粒。風に乗って、遠くはなれた地上にもふり積もる（→21ページ）。

噴煙

火山灰

⑥側火山

火山の噴火は、山頂だけではなく、山腹や山のふもとなどでも起きることがある。そのときにできる火山が側火山だ。

⑦火道

マグマだまりから火口や岩の割れ目に向かってのびる、マグマの通り道。

⑧マグマだまり

マグマが集まる場所。ふつう、地下数km〜10kmのところにできるが、地下30km〜40kmの場所にもできるといわれている。また、1つの火山には、複数のマグマだまりがあると考えられている。

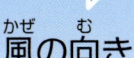
風の向き

溶岩流

マグマだまり

第1章 火山って何？

地球の中を見てみよう

火山の成り立ちを知るために、まず、地球の中のようすを調べてみましょう。

地球の中は、大きく分けて、「核」（内核と外核）、「マントル」、「地殻」の3つの層でできています。地球をゆで卵にたとえると、卵の黄身が「核」、白身が「マントル」、殻が「地殻」です。

「核」は、鉄とニッケルでできていて、内核は固体、外核は液体です。「マントル」は、おもにカンラン石でできた約2900kmの層で、上部と下部に分かれて、ゆっくりと動いています（❷❺）。

「地殻」は、地球の一番外側にある岩石でできた層です。わたしたちの住む陸地はもちろん、海も、高山も地殻にふくまれます。

そして、地殻はプレートの一部です（❹）。プレートは地殻と上部マントルの一部を合わせた、かたい岩の板で、上部マントルに引っぱられるようにして、横方向にゆっくり移動しています。

地球の中のようす

地球の中心に核があり、その外側にマントル、地殻がある。

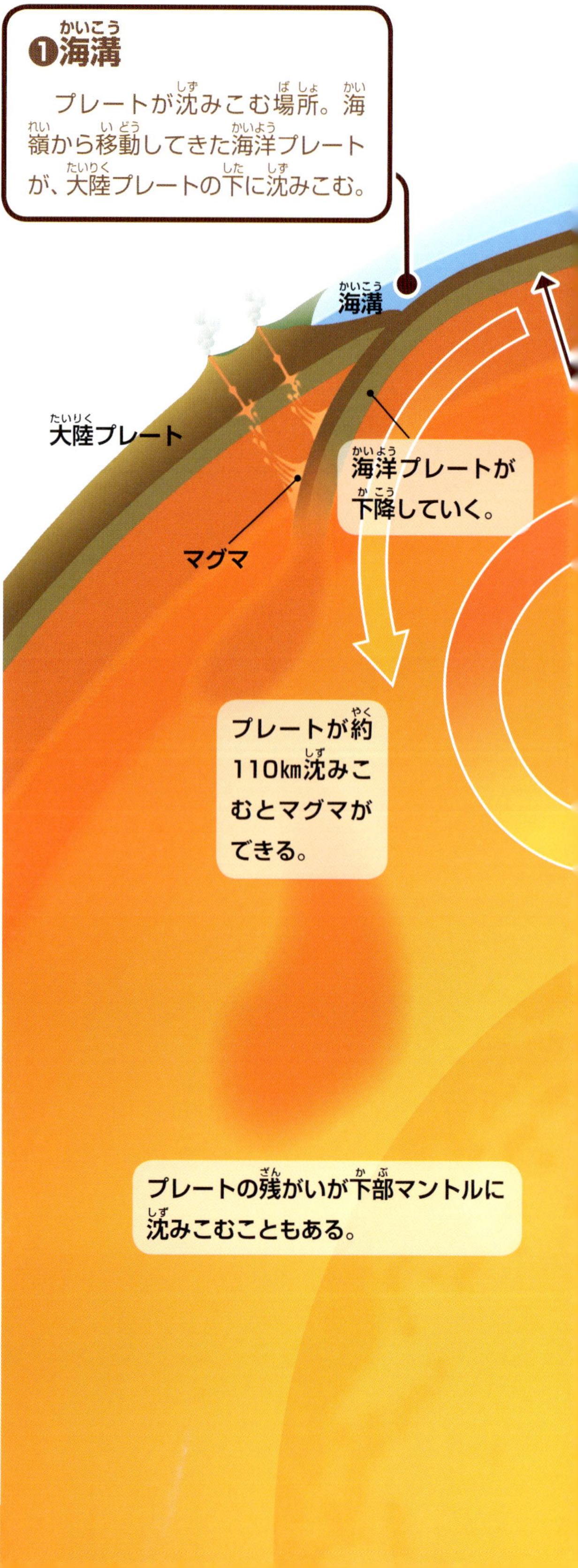

❶海溝
プレートが沈みこむ場所。海嶺から移動してきた海洋プレートが、大陸プレートの下に沈みこむ。

海溝
大陸プレート
海洋プレートが下降していく。
マグマ
プレートが約110km沈みこむとマグマができる。
プレートの残がいが下部マントルに沈みこむこともある。

Q&A 大むかし、大陸はひとつだった？

地球にはユーラシア大陸、北アメリカ大陸、南アメリカ大陸、アフリカ大陸、オーストラリア大陸、南極大陸の6つの大陸があるよね。でも、約2億5000万年前、大陸は一続きだった。それが、長い時間をかけてはなれていったんだ。そして、1万年前には現在のすがたになった。

大陸が動くのは、地球をおおう10数枚のプレートが、移動するためだといわれている。プレートは今も1年間に2cm～20cm動いている。5000万年後の未来には、なんと、オーストラリアが日本のすぐ南にくると考えられているよ。

約2億5000万年前　　現在　　5000万年後

（写真提供／西予市立城川地質館）

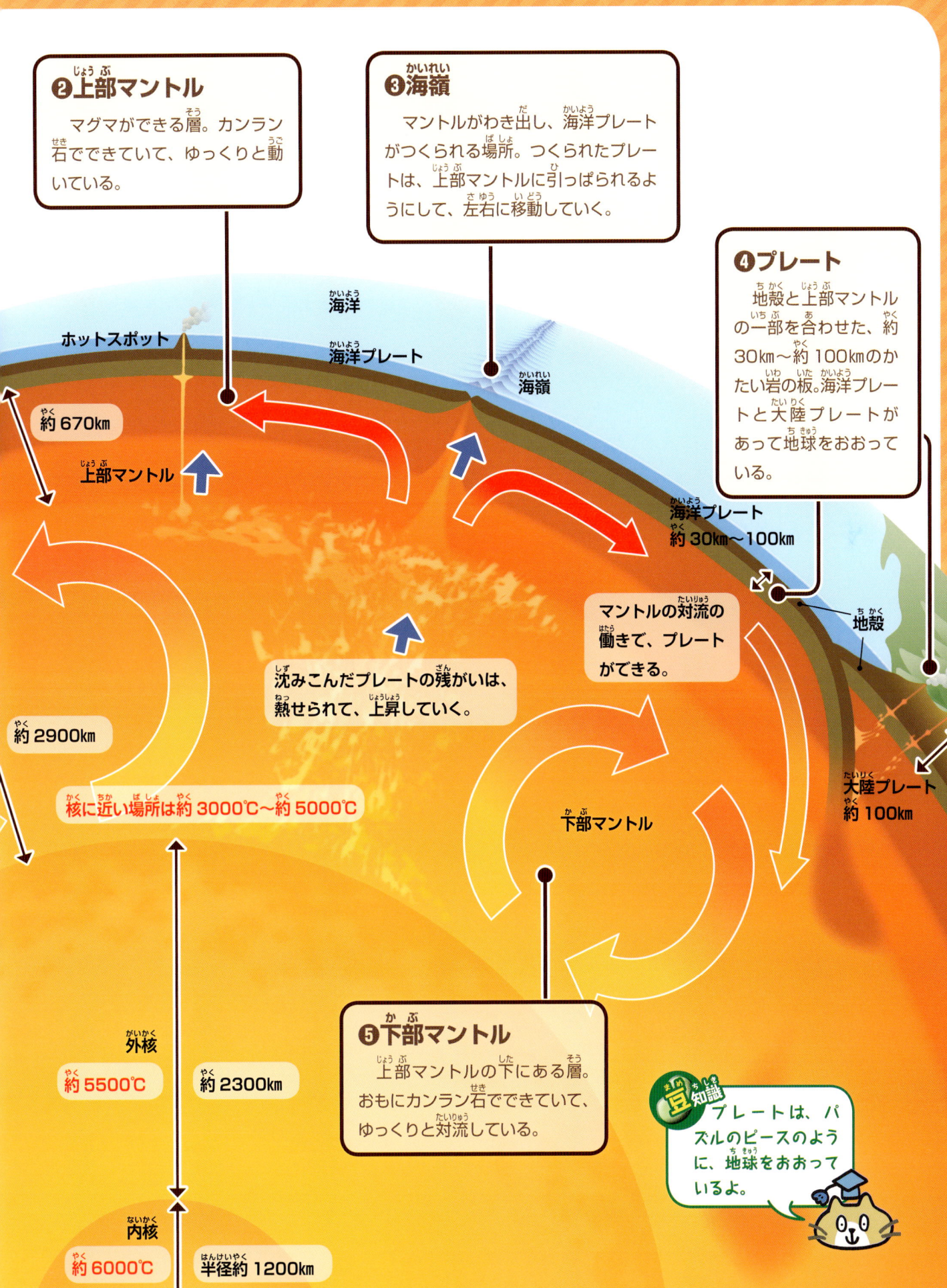

第1章　火山って何？

火山ができるのはここ！

火山が生まれる場所は、大きく分けて3つあります。

1つは、「海嶺」という場所です。海嶺では、地下からマントルがわき上がってきて、海洋プレートをつくり、左右に分かれていきます。そのすき間をうめるようにマグマが上がっていき、噴火によって火山の列をつくっていきます。

2つめは、海溝のある、「沈みこみ帯」です。沈みこみ帯では、水をふくんだ海洋プレートが、大陸プレートの下に沈みこんでいきます。海洋プレートにふくまれていた水は、上部マントルの岩石を溶かしやすくするので、たくさんのマグマができます。やがてマグマは噴火を引き起こし、火山帯をつくっていきます。

なお、日本列島やアリューシャン列島のような島弧（弓なりの島）も、沈みこみ帯でできた島です。島弧にも、火山がつくられていきます。

3つめは、「ホットスポット」とよばれる場所です。マントルの一部が、地球の表面まで上昇してきてマグマを生み、火山をつくっていきます。

> 火山は、海嶺、沈みこみ帯、ホットスポットの3か所にできるんだね。

火山のできるところ

●ホットスポットの火山のでき方

ホットスポットは、海嶺や沈みこみ帯とはちがって、プレートの動きが関係していない場所だ。地下の深いところから、マントルの一部が上がってきて、プレートの近くでマグマだまりをつくる。マグマはプレートを突き抜けて噴火を起こし、火山をつくっていくんだ。

できた火山は、プレートに乗って移動していくのだけれど、ホットスポットの場所は、ずっと変わらないので、新しい火山が次々につくられていくよ。

ホットスポットにできる火山列。

ホットスポットの火山の一つ。ハワイ島のキラウエア火山（アメリカ）。

ハワイ島も噴火でできた火山の島で、現在、ホットスポットの上にある。ハワイ島から西にある島々も、大むかしはホットスポットの上にあったけれど、プレートに乗って西へ動いていったよ。

Q&A ホットスポットって、地球のどんな場所にあるの？

13ページの地図を見ると、ホットスポットは、おもに太平洋、大西洋、インド洋などの大洋に多く分布している。また、海上だけでなく、北アメリカ大陸、アフリカ大陸などの大陸にもあるよ。

ホットスポットが多く見られる場所には海嶺も多いため、海嶺ができるのはホットスポットが大きく関係していると考えられているんだ。

島弧の火山の一つ。西之島（東京都）。
（写真提供／海上保安庁）

● **沈みこみ帯の火山**
海洋プレートが海溝で沈みこむことで、できる火山。プレートにふくまれていた水がマントルを溶かしてマグマを生む。それが噴火につながり、火山帯をつくる。

● **ホットスポットの火山**
高温のマントルが、地下の深い場所から、直接上がってきて、できる火山。プレートの近くにマグマだまりができ、噴火によって次々と火山ができていく。

● **海嶺の火山**
マントルがわき出す場所にできる火山。左右に分かれたプレートのすき間からマグマが上がってきて噴火をくり返し、火山列をつくっていく。

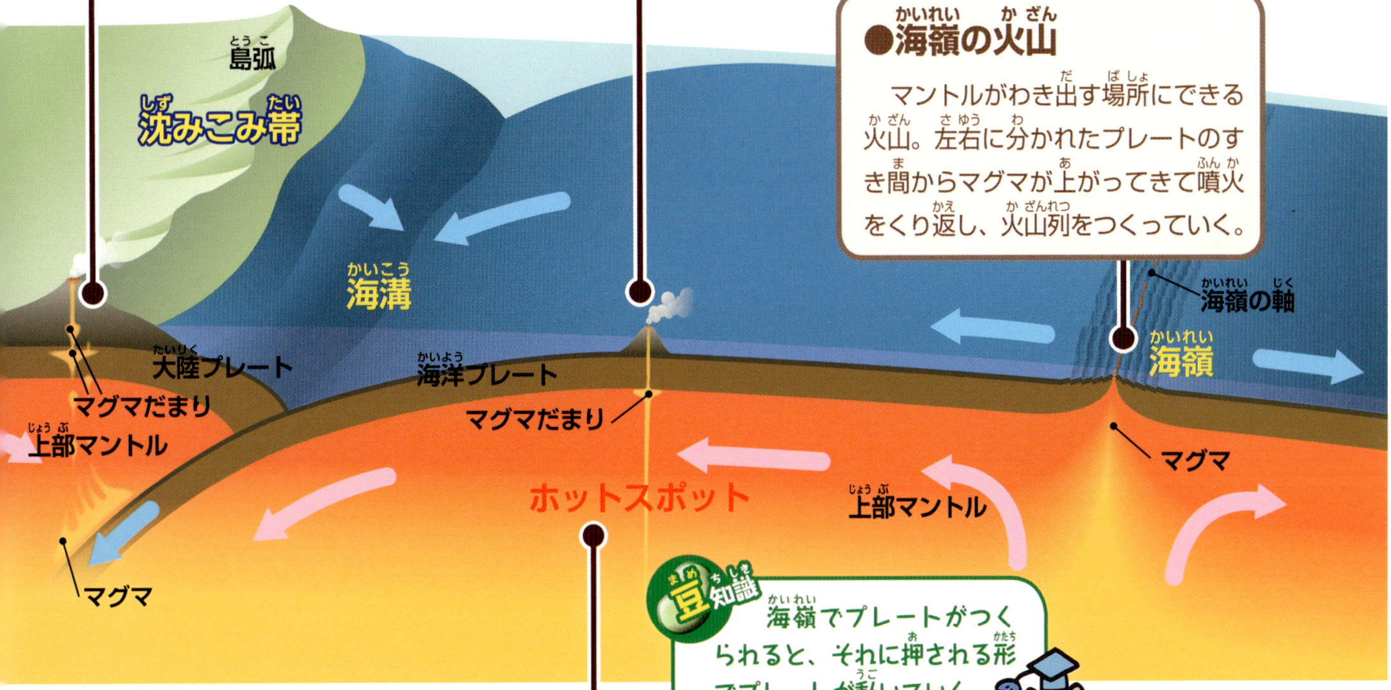

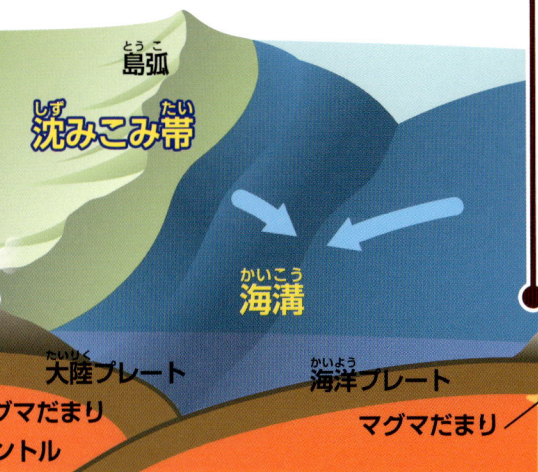

豆知識　海嶺でプレートがつくられると、それに押される形でプレートが動いていく。

海嶺、沈みこみ帯、ホットスポットの分布

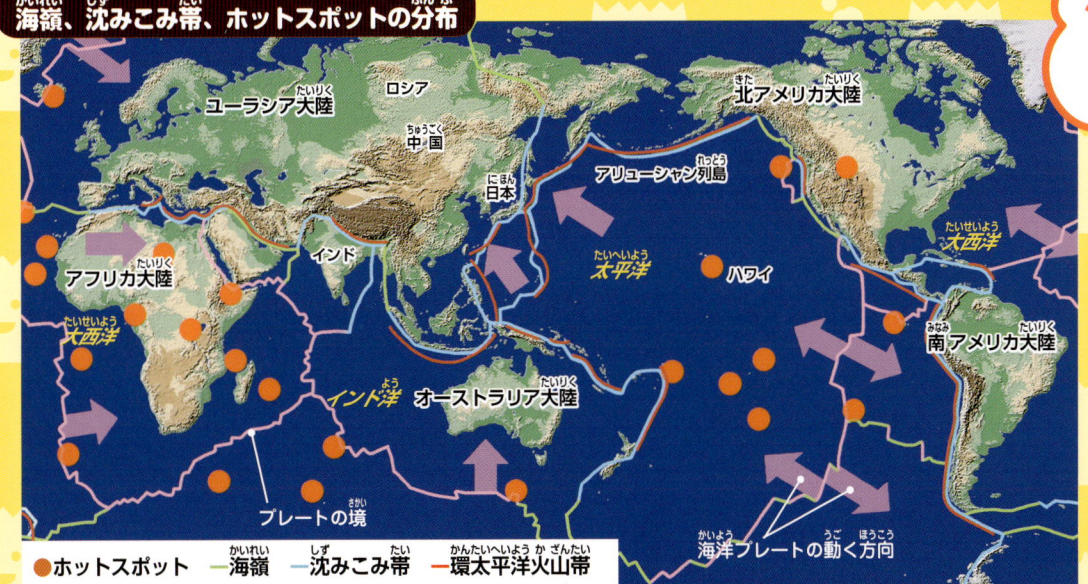

● ホットスポット　― 海嶺　― 沈みこみ帯　― 環太平洋火山帯

ホットスポットは陸地にもあるんだ。

13

第2章 火山の活動

マグマと水蒸気のパワー

地下から上がってきたマグマが噴火するとき、噴火や地殻変動など、さまざまな現象が起きます。この現象を火山活動といいます。

火山活動の一つである噴火のようすは火山によってちがい、❶❷❸の3パターンがあります。

❶ マグマだまりから、直接マグマが上がってくる「マグマ噴火」。火砕流がふもとに向かって流れ下ったり、まっ赤な溶岩がふき上がったり、流れ出したりする。

❷ マグマが地下水にふれることで爆発的な噴火を起こす、「マグマ水蒸気噴火」。空高くけむりがふき上がり、サージとよばれる流れが地面にそって広がったりします。

❸ マグマが地下水を熱することで起きる、「水蒸気噴火」。火口や山腹の割れ目から、けむりのような火山灰をふき上げる。

また、マグマが浅い場所に上がってくると、まず、地下水が蒸発して❸が起き、❷、❶の順で噴火が起きることもあります。

噴火のパターンはまわりの環境によってもちがいが出てくるよ。

マグマ噴火 マグマだまりから直接上がってきたマグマによる噴火。

❶

マグマ水蒸気噴火 マグマが地下水にふれることで起きる噴火。（写真提供／気象庁）

❷

水蒸気噴火 マグマが地下水を熱することで起きる噴火。（写真提供／気象庁）

❸

噴火のしかた

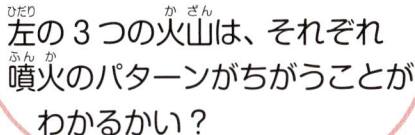

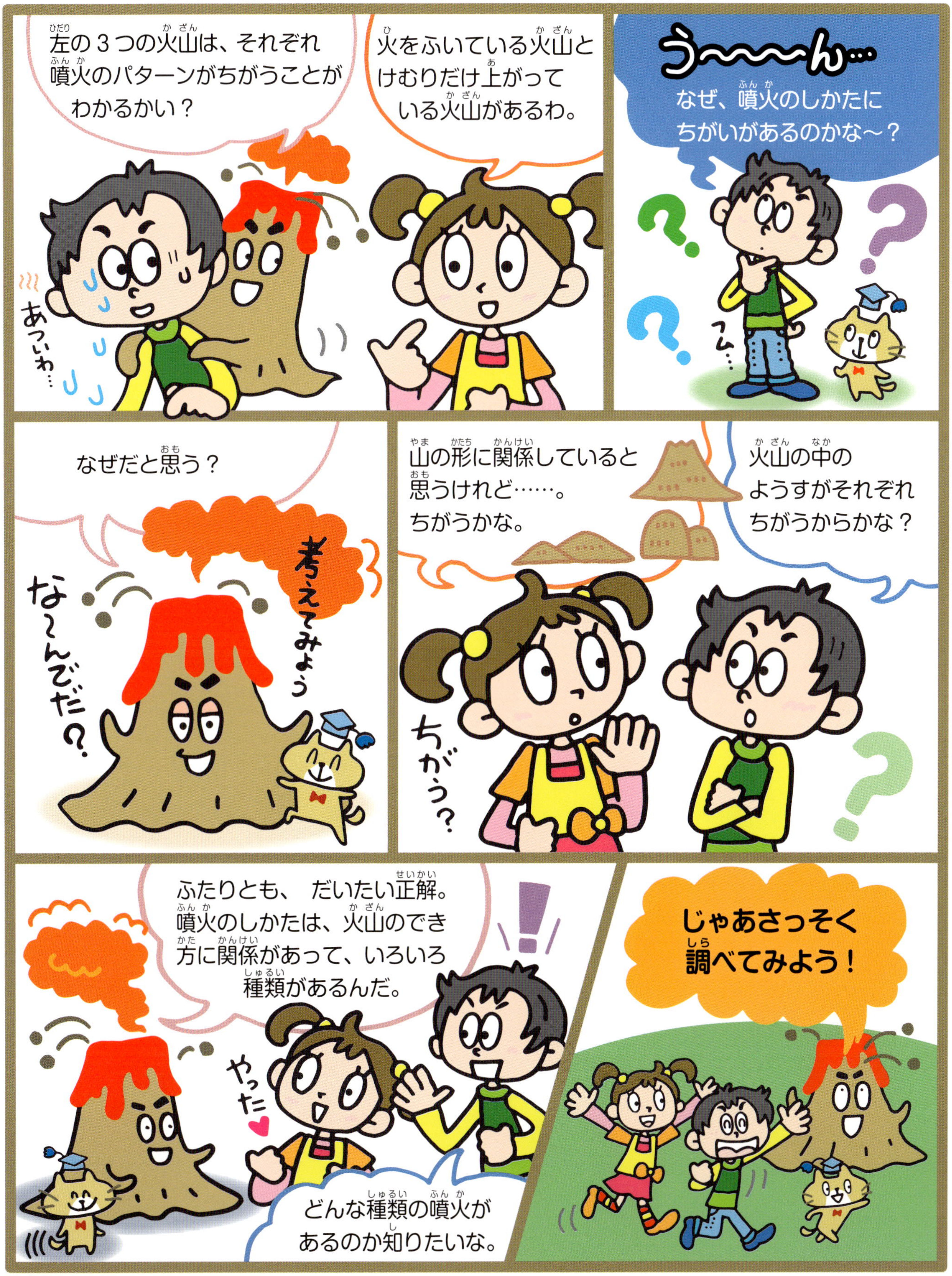

左の3つの火山は、それぞれ噴火のパターンがちがうことがわかるかい？

火をふいている火山とけむりだけ上がっている火山があるわ。

う～～～ん…
なぜ、噴火のしかたにちがいがあるのかな～？

なぜだと思う？

考えてみよう
な～んでだ？

山の形に関係していると思うけれど……。ちがうかな。

火山の中のようすがそれぞれちがうからかな？

ちがう？

ふたりとも、だいたい正解。噴火のしかたは、火山のでき方に関係があって、いろいろ種類があるんだ。

じゃあさっそく調べてみよう！

やった♥

どんな種類の噴火があるのか知りたいな。

第2章　火山の活動

火山はなぜ噴火するの？

　火山が噴火するときは、マグマと水蒸気が大きく関係しています。

　マグマが、まだ地下の深い場所にあるとき、マグマはとても高温で、中には、水や二酸化炭素などの火山ガスがとけています。

　マグマはまわりの岩石よりも軽いので、浅い場所へ上がっていき、マグマだまりに集まると、ゆっくりと冷えていきます。すると、マグマからカンラン石などの重い結晶がはなれて、底にたまります。

　残りの軽くなったマグマは浅い場所に上がっていきます。このとき、マグマの中には、水などの火山ガスの成分がとけています。

　ところが、地球の表面近くまでくると、圧力が下がり、マグマの中の水が泡になります。水が水蒸気に変わることで、マグマの体積はいっきに増えてふくれ上がります。

　その状態にたえられなくなったマグマは爆発します。このようにして、噴火が起きるのです。このとき、火山ガスもいっしょに外にふき出します。

火山の噴火のしくみ

　マグマに溶けていた水などが、水蒸気などの火山ガスになってふくれ上がると、体積を増やしたマグマがいっきに上昇して噴火を引き起こす。

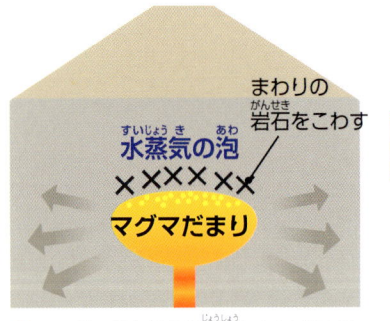

❶ マグマだまりから上昇したマグマが、水蒸気の泡をつくる。

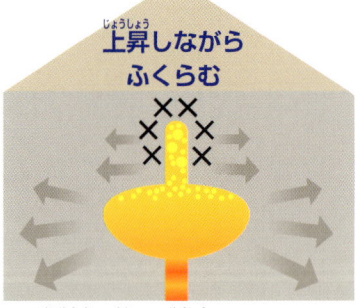

❷ 水蒸気の泡は、上昇しながらどんどんふくらんでいく。

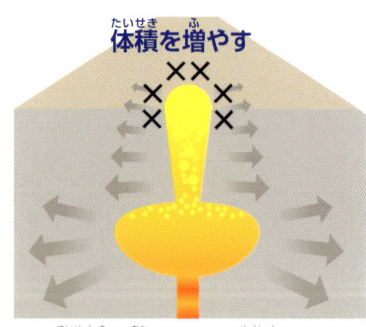

❸ 水蒸気の泡が、さらに上昇していっきに体積を増やす。

❹ パンパンにふくらんだ、マグマの水蒸気の泡は、その状態を保てなくなり、火山ガスといっしょに外にふき出る。

噴火のパターンでちがう噴出物

マグマ噴火、マグマ水蒸気噴火、水蒸気噴火では、噴火のようすに、それぞれちがいが見られる。

マグマ噴火は、マグマの中の泡が破裂して起こる。泡の量などによって、いろいろなタイプの噴火になる。ハワイ式噴火のような、穏やかな噴火や、プリニー式噴火のような爆発的な噴火を起こすこともある（→18、19ページ）。

マグマ水蒸気噴火や水蒸気噴火は、マグマ噴火と比べると、爆発的な噴火だ。まわりの岩石をこわして、その破片をたくさん飛ばす。

❶ マグマ噴火

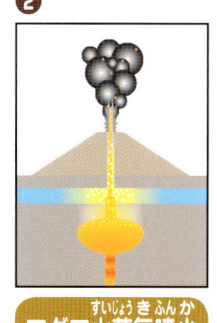
❷ マグマ水蒸気噴火

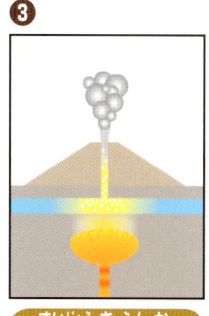
❸ 水蒸気噴火

火山が噴火したら、どうなる？

火山砕屑物が噴出する →20〜21ページ

火山が噴火するときは、火山灰などが火口などからふき出す。大きな噴火が起きると、火山灰は風に乗って飛ばされるため、火山から遠くはなれた場所にも積もることがあるんだ。

地形が変わる →26〜27ページ

大規模な噴火が起きると、山の一部がくずれ落ちたり、もり上がったりして形を変える。また、地面が直線的に沈みこむこともある。

民家などに被害が出る →第3巻

火口から、岩石の破片が飛んできて、窓ガラスなどを割ることがある。火砕流が建物や田畑などを焼きつくす被害も出ているよ。また、火山灰や噴石が、川や地下水とまざって流れ、建物をおし流すこともあるんだ。

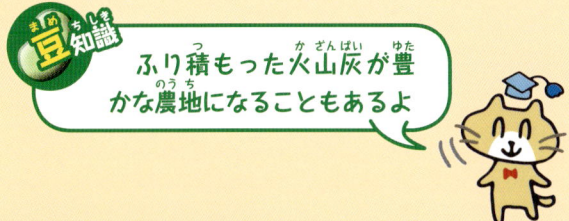
豆知識　ふり積もった火山灰が豊かな農地になることもあるよ

温泉などができる →38〜39ページ

火山の近くでは、地下水が、マグマだまりの熱で温められて、温泉が出ることがあるよ。マグマに溶けていた水や、二酸化硫黄などの火山ガスが地下水に入ると、さまざまな泉質の温泉ができるんだ。

自然エネルギーなどが利用できる →40ページ

火山のある地域では、地下から高温のマグマが上昇してくるので、地下の温度がとても高いんだ。その熱をエネルギーとして利用するために、地熱発電所が建てられ、電気をおこす取り組みが行われているよ。

Q&A 火山に寿命はあるの？ 何年くらい活動するの？

火山の寿命はとても長いんだ。たとえば、ホットスポットにできる島々は、数百万年も活動している。日本にも10万歳くらいの山がたくさんあるよ。また、何千年も噴火しなかった山が、急に噴火することもある。火山にとって、100年、1000年は昼寝のようなもの。今は噴火していなくても活動を再開するときがくるんだ。このような火山を活火山といい、現在、日本に110あるよ。

第2章 火山の活動

噴火のおもなタイプと規模

噴火のタイプや規模は、マグマの粘り気や温度、火山ガスの量などで変わってきます。

マグマの粘り気は、噴火するときのマグマに含まれるケイ酸塩の量と関係があります。

マグマが1000℃以上ある高温の状態だと、火口から、さらさらとした粘り気の弱い溶岩が流れ出てきます。すると、「ハワイ式噴火」のようなおだやかな噴火になります。

「ストロンボリ式噴火」も、マグマの温度が高く、粘り気が弱めなので、噴火の規模は大きくありません。火口から赤い溶岩のしぶきをふき出し、火山弾（→20ページ）を飛び散らせます。

反対に、マグマの温度が低くて、粘り気が強いのは、「ブルカノ式噴火」や「プリニー式噴

おもな噴火のタイプ

豆知識 同じ山でも、そのときのマグマのでき方で、噴火のタイプが変わるよ。

ハワイ式噴火

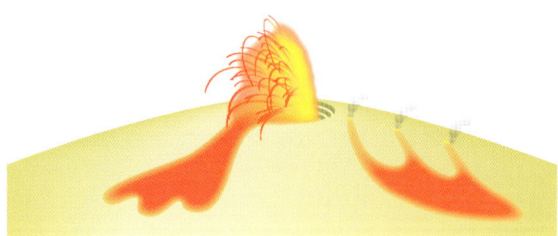

粘り気の弱いマグマが大量に流れ出す、おだやかな噴火。火口から溶岩が流れたり、泉のようにふき上がったりする。

ハワイ島のキラウエア火山のマグマ噴火。間近で溶岩の流れるようすが見られる（アメリカ）。

ストロンボリ式噴火

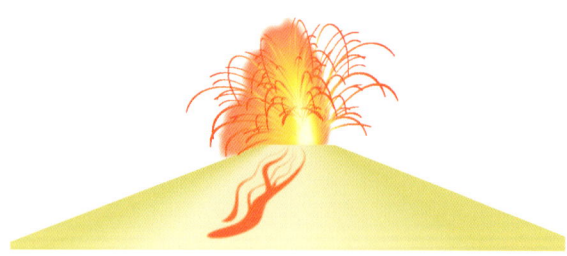

マグマの粘り気は弱めで、小規模な噴火をくり返す。火口から流れ出た溶岩はだんだんとかたまっていく。

1986年11月の伊豆大島の三原山の噴火では、マグマ噴火が続き、溶岩が泉のようにわき出たり、火口に溶岩の湖ができたりした（東京都）。

火」です。「ブルカノ式噴火」は、高圧の火山ガスや、かたまった溶岩のかけらをいっきにふき出し、火山灰などを数kmもふき上げます。
　「プリニー式噴火」は、ブルカノ式噴火より粘り気が強く爆発的噴火になり、溶岩のかけらが粉砕して、火山灰や軽石、スコリア（→21ページ）をたくさんふき上げる大規模な噴火を起こします。噴煙の高さは20km以上にもなります。

> マグマの粘り気が強くなるにつれて、噴煙が高く上がるんだね。

ブルカノ式噴火

日本に多く見られる噴火のタイプ。火山灰や溶岩のかけらなどを高くふき上げ、溶岩流や火砕流を起こす。

（写真提供／産総研　S.Nakano）

2010年に起きた桜島の昭和火山のマグマ水蒸気噴火では、軽石がふき出し、高温のマグマが直接ふき出した（鹿児島県）。

プリニー式噴火

風の向き →

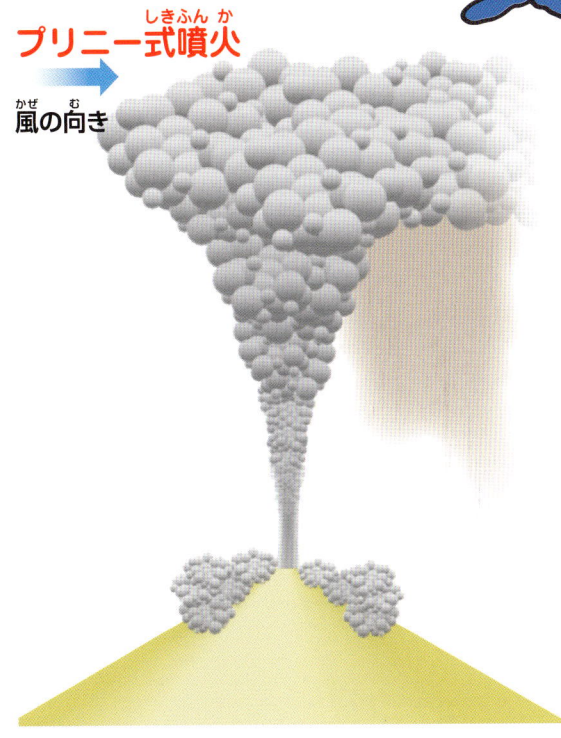

火山灰や軽石などが大量にふき上がる大規模な噴火。噴煙が20km以上に達することもある。

← 風の向き

2015年、カルブコ山では、マグマ水蒸気噴火がくり返され、噴石、火山礫が飛び散った（チリ）。

19

第2章 火山の活動

火山から噴出する砕屑物

火山の噴火によって、地球の表面にはいろいろなものがふき出してきます。噴火のパターンや、噴火のタイプによっても、ふき出すものがちがってきます。

火山からふき出すものの中で、液体の溶岩をのぞいた、火山灰や火山礫などを「火山砕屑物」とよびます。

火山砕屑物は、マグマや溶岩がくだかれて、破片のように細かくなったものです。そして、粒の大きい順に、「火山岩塊」、「火山礫」、「火山灰」とよびます。

また、火山砕屑物の中には、特定の形をした「火山弾」があります。火山弾は、火山から飛んでくる間にかたまるので、飛んでいる間や着地のときに、いろいろな形になります。

雲仙岳から火砕流が流れるようす（長崎県）。 （写真提供／産総研）

●火砕流
高温の火山灰や、火山岩塊、火山礫などの火山砕屑物が水蒸気などとまざって、時速数10kmから100kmの高速で山を流れ下りる現象。流れが止まると、そこから大規模な噴煙を上げ、広範囲を焼きつくす。

●火山礫
直径2mm～64mmの小さな火山砕屑物。マグマの破片や、岩石の破片がふくまれる。
大規模な噴火が起きたときは、遠い場所まで飛ばされる。

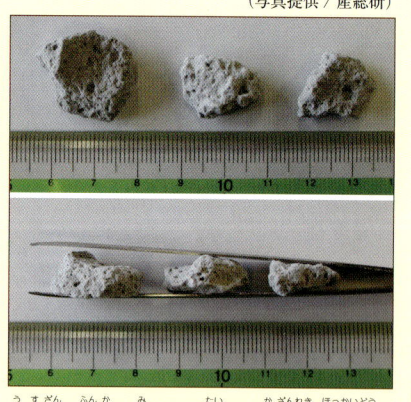
（写真提供／産総研）
有珠山の噴火で見られた平らな火山礫（北海道）。

●火山弾
ほかの火山砕屑物とちがい、特定の形をしている。形が銃の弾丸に似ているので、火山弾とよばれる。
球状、リボン状、パン皮状など、さまざまなすがたになる。火口から数kmも飛んで行く場合がある。

樽前山のパン皮状火山弾（北海道）。 （写真提供／産総研）

●火山岩塊
直径64mm以上の火山砕屑物。1979年に阿蘇山が噴火したときには、火口から280kmもはなれた場所に、巨大な火山岩塊が飛ばされた。

●火山灰

直径2mm以下の火山砕屑物。火山が噴火するときに、マグマが急に冷えることでできる、ガラスのような破片。もともと火口の下にあった岩石のかけらもふくまれている。

火山灰は風に乗って飛ばされていくため、時には、数10kmから数100km以上もはなれた土地まで運ばれ、広い範囲にふり積もる。

火山灰で白く見える有珠山の火口（北海道）。
（写真提供／気象庁）

御嶽山のふもとの植物にふり積もった火山灰（長野県・岐阜県）。
（写真提供／産総研）

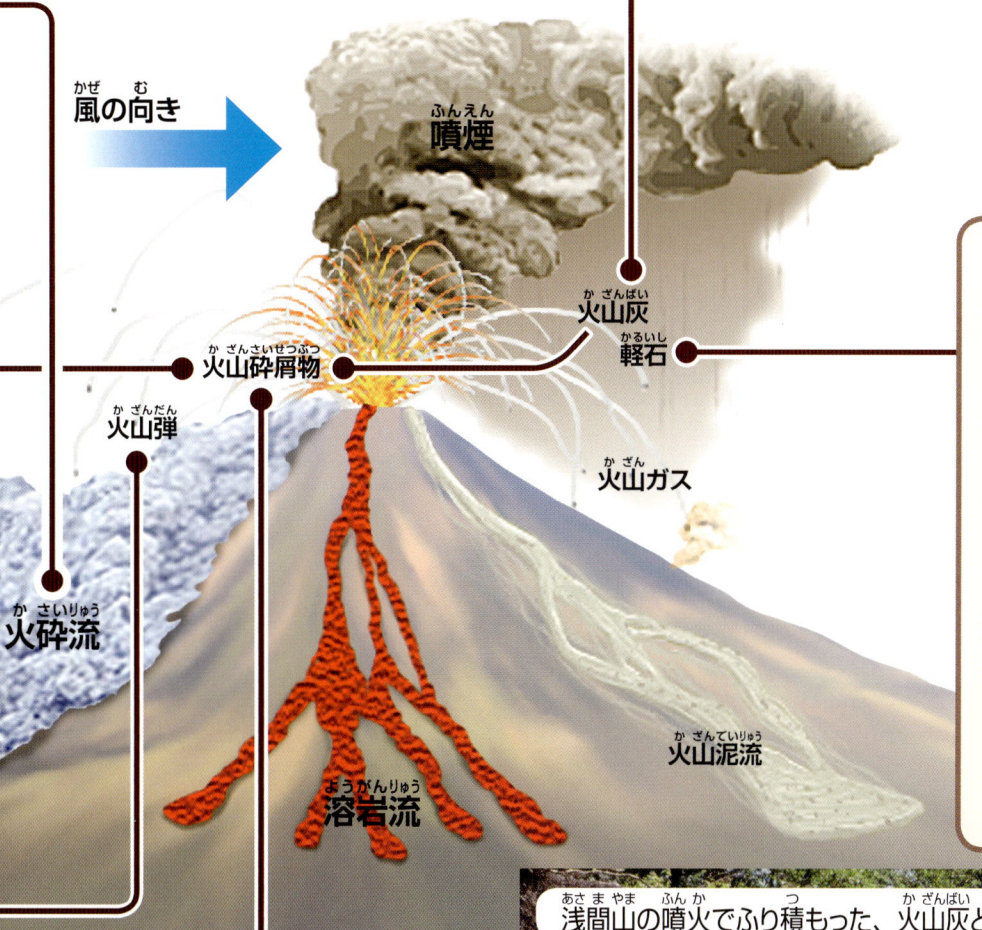

風の向き
噴煙
火山灰
火山砕屑物
軽石
火山弾
火山ガス
火砕流
火山泥流
溶岩流

●軽石・スコリア

火山砕屑物のうち、泡が多く、白っぽいものを軽石、黒っぽいものをスコリアとよぶ。マグマの中に溶けていた水が泡立ち、地球の表面に飛び出してかたまると、穴のあいたかけらになる。

浅間山の軽石（長野県・群馬県）。
（写真提供／産総研）

阿蘇山の火山岩塊（熊本県）。
（写真提供／気象庁）

浅間山の噴火でふり積もった、火山灰と軽石の層（長野県軽井沢町万山望）。
（写真提供／群馬大学教育学部）

21

第2章 火山の活動

溶岩流からできる岩石

　火山からふき出した、液体状の溶岩が、地球の表面を流れ下っていくことを、溶岩流といいます。ふき出したばかりの溶岩の温度は約1000℃もありますが、流れる間に冷えてかたまって、岩状の溶岩になります。

　また、地球の表面にふき出してから、短期間でかたまった溶岩を「火山岩」とよびます。火山岩は、マグマの粘り気や、火山ガスがふくまれる割合によって、さまざまな岩石になります。

　たとえば、噴火前のマグマのケイ酸塩の量が少ないと、粘り気が弱い玄武岩質の溶岩になり、少し多いと、安山岩質の溶岩になります。

　安山岩の次にデイサイト、その次に流紋岩の順で、粘り気が強くなります。

パホイホイ溶岩

「パホイホイ」は、「表面がなめらかな」という意味。袋状や縄をよったような形が特徴の、玄武岩質の溶岩。

ハワイ島のキラウエア火山のパホイホイ溶岩（アメリカ）。
(写真提供／高田亮)

マグマの粘り気が弱い、玄武岩質の溶岩。表面だけ冷えて、袋のようになったり、縄のようなシワができたりする。その形を見ると、溶岩が流れていった方向がわかる。

アア溶岩

「アア」とは、「とげとげしい」という意味でパホイホイと同じ、ハワイ語。玄武岩質の溶岩。

ハワイ島のキラウエア火山のアア溶岩（アメリカ）。

粘り気が弱い玄武岩質の溶岩。長距離を移動している間に冷えてかたまり、表面がとげとげしてコークス状の溶岩がつくられる。

豆知識 地下の深いところでかたまったマグマは、深成岩とよばれるよ。

浅間山の鬼押出しの塊状溶岩（群馬県）。　(写真提供／産総研)

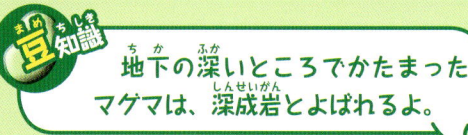

塊状溶岩

表面がなめらかな、ブロック状の溶岩をつくる。安山岩質の溶岩。

アア溶岩より粘り気が強く、溶岩が流れるとき、ばらばらにこわれて、岩のかたまりの集まりになる。

火山ガスの噴出

　火山が噴火するときは、溶岩や火山砕屑物といっしょに、火山ガスをふき出します。
　火山ガスは空気より重いので、火口や窪地にたまります。また、火山のふもとに向かって、流れ下ることもあります。
　火山ガスの大部分は水蒸気ですが、二酸化炭素や、鼻につんとくる二酸化硫黄、卵がくさったようなにおいのする硫化水素などの有毒ガスもふくまれています。二酸化炭素はにおいがなく、ほかの2つの火山ガスも、濃度が高くなると、においを感じなくなってとても危険です。
　火山ガスが大量にふき出す火口湖や噴気孔の近くで人や動物が死ぬことがあるからです。

（写真提供／気象庁）

「湯釜」と呼ばれる、草津白根山の火口湖（群馬県・長野県）。
噴気孔からふき出す火山ガス。硫黄が湖の底に溶けていて、水がにごったような色をしているのだといわれている。

（写真提供／消防防災博物館　ShigeoAramaki）

　カメルーンにあるニオス湖は、地下のマグマだまりから湖の中に大量の二酸化炭素をふき出している。ふだんはきれいな色だけれど、噴火が起きると、水がにごってしまう。
　1986年に噴火したときは、上空にふき出した二酸化炭素のけむりが、火山の斜面を流れ下った。そのために、たくさんの人と動物が窒息したと伝えられている。

噴火したあとのニオス湖（カメルーン）。

23

第2章 火山の活動

噴火にともなう現象

火山が噴火すると、火山のまわりに、さまざまな現象が起こります。

噴火によって、地上にふり積もった、火山灰や火山砕屑物などが、雨や風、雪などの影響を受けるからです。

たとえば、噴火が起きたあとに大雨がふると、火口の近くの湖や川の水があふれます。

すると、あふれた水は、火山灰や大小の火山砕屑物といっしょになって、ものすごいスピードで、山の斜面を流れ下っていきます。この現象を、「火山泥流」、「土石流」といいます。

また、雪が積もった火山で噴火が起きた場合は、「融雪型泥流」という現象が起こります。

ほかにも、大規模な噴火が起きて、山の一部がくずれ落ちたり、山にふり積もった火山砕屑物が新しい地形をつくることがあります。

ルアペフ山の火口湖がこわれて、水が火山砕屑物といっしょに流れ下り、川をうめた（ニュージーランド）。
（写真提供／気象庁）

火山泥流
火山の噴火でふき出した高温の火山砕屑物が、火口近くの湖や、雪解け水などといっしょになり、時速数 10km から 100km の高速で流れていく現象。

噴火は、山や大地のようすをすっかり変えてしまうんだね。

1974 年の噴火で、鳥海山に積もった雪が土砂とともに流れ落ちた（山形県・秋田県）。

融雪型泥流
雪が積もった火山が噴火したときに起きる現象。噴火で溶岩流や火砕流が発生すると、その熱で雪が溶かされる。そして、水と火山灰、岩石のかけらがいっしょになって、山の斜面をかけ下りていく。

山体崩壊・岩屑なだれ

山体崩壊とは、噴火などで、山がくずれて、なだれ落ちる現象のこと。

火山は噴火活動によって、溶岩や火山砕屑物が積み重なってできた山だ。そのため、ふつうの山と比べて不安定な構造をしている。噴火や地震が起きると、とてもくずれやすいんだよ。

岩屑なだれは、山体崩壊により、大量のかわいた土砂が高速で山の斜面をかけ下りること。山体の一部が、山のすそまでなだれ落ちることもあるよ。

（写真提供／消防防災博物館　ShigeoAramaki）

セントヘレンズ山の噴火によって岩屑なだれが起き、それによってできた「流れ山」（アメリカ）。

大規模な山くずれによって、山体の上部がくずれ落ちたセントヘレンズ山（アメリカ）。

火山雷

火山からふき上がった、水蒸気や火山砕屑物などが摩擦を起こすと、火山雷が発生する。この現象は、噴煙がたくさん出てきたときに見られる。

2011年に霧島山新燃岳で、発生した火山雷（鹿児島県）。（写真提供／産総研）

土石流

噴火のあとに、大雨がふったことで起きる現象。雨水を通さない層の上にたまっていた火山砕屑物が、土砂の流れとなって、山の斜面を流れ下る。そして、山のふもとまで流れていくんだ。

（写真提供／産総研　J.Itoh）

雲仙岳で起きた噴火で、大量の火山砕屑物が山を下った（長崎県）。

25

第2章　火山の活動

その他の火山現象

　火山活動が活発になると、火山や、火山のまわりの地形が大きく変わることがあります。
　たとえば、北海道の有珠山は大噴火がくり返されて、山頂の地形が大きく変わりました（→27ページ）。
　また、火山が噴火を起こす前に、火山の近くの地面がもり上がったり、深い溝ができたりすることがあります。
　噴火前に、地面が変形するのは、地下から上がってくるマグマが、まわりの地面を押し上げるためです。
　火山そのものにも変化が現れます。噴火前には、火口の温度が上がったり、さかんに火山ガスをふき出したりします。国内の20の火山では、観測装置を使って、火山の変化や、火山の地下のようすなどを調べています。変化がわかれば、噴火予測を立てられるからです。

有珠山の火山活動でできた地溝※と地割れ（北海道）。
火山活動で地面がもり上がり、階段のような地形ができた旧国道230号線。

※地溝…断層と断層の間にできた、溝のようなくぼ地。

火口の熱活動を調べ、噴火予測を立てる

桜島の南岳山頂火口（鹿児島県）。

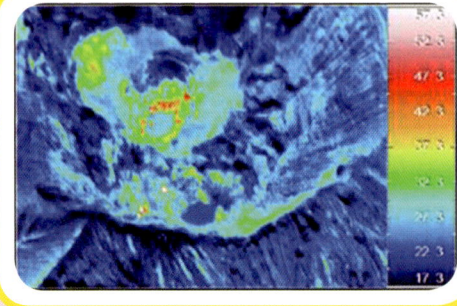
（写真提供／気象庁）

南岳山頂火口の表面温度の分布。
赤いところが高温の場所。

　国内の20の火山では、いろいろな観測装置で、火山や、火山の地下のようすなどを観測しているよ。その一つが熱観測。赤外熱映像装置を使い、定期的に火口の温度分布を調べている。高温の範囲が広がっていくようなら、熱活動が活発になっている証拠で、噴火をするかもしれないと判断される。
　熱観測以外にも、地震、噴煙の高さ、火山の傾きなどを観測し、噴火予測につなげる取り組みを行っているんだ。

火山性地殻変動で地形が変わる

（写真提供／気象庁）

1974年の有珠山
1974年（昭和49年）
1994年（平成6年）
1994年の有珠山
（写真提供：三松三朗）

上下2枚の写真は、別の年に同じ場所で撮られた北海道の有珠山だ。2枚の写真を比べると、形がちがうことがわかるよね。1977年に連続して起きた噴火で、山頂の地形がすっかり変わってしまったんだ。

北海道駒ケ岳の昭和4年火口（北海道）。
（写真提供／気象庁）

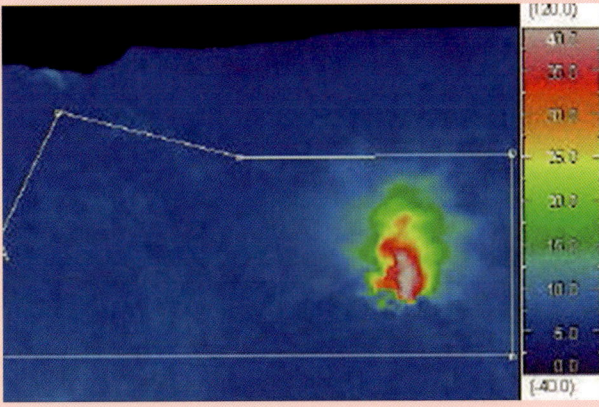
赤外熱映像装置で観測した火口の表面温度の分布。温度が高いのは、黄色から赤の範囲。

熱観測をすると温度が高い場所が一目見てわかるね。

27

第2章　火山の活動

噴火活動がまねく地震

　火山が噴火するときに、火山や、火山に近い場所で、小さな地震が何度も起きます。この現象を、「火山性地震」といいます。火山性地震が起きる原因は、マグマが地下で活動することと大きな関係があります。

　マグマは地球の表面近くまで上昇してくると、水蒸気の泡でパンパンにふくらみ、岩盤を突き破ってさらに上昇していきます。このとき、岩盤が割れて地震が起きると考えられています。

　また、火山が噴火したあとでも地震は起きます。マグマが外に出ていったことで、岩盤にかかっていた圧力が下がり、岩盤がくずれるからです。

> **豆知識**　マグマの中の泡や、地下水の沸騰で、火山性微動というゆれが起きることもある。

地震発生のしくみ

　火山の噴火と地震の発生にはプレートが大きく関係しているといわれています。海溝で、海洋プレートが大陸プレートに沈みこむとき、沈みこみにたえられなくなった大陸プレートがはじかれて、地震を起こすと考えられているのです。

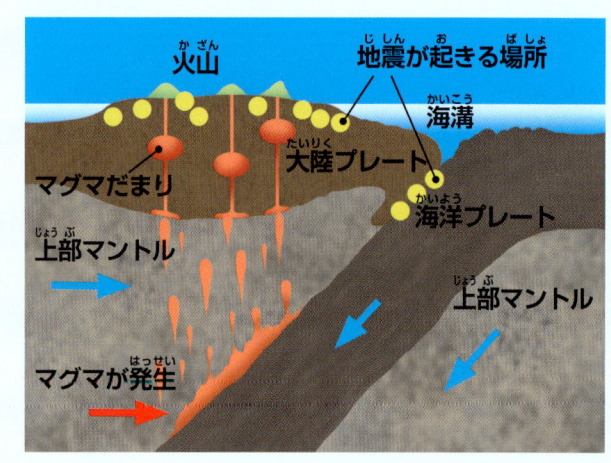

火山／地震が起きる場所／海溝／大陸プレート／マグマだまり／海洋プレート／上部マントル／上部マントル／マグマが発生

Q&A　大地震が大噴火を起こすの？

　大地震が大噴火を起こした例は、確かにあるよ。1707年に、約200年間、活動を休んでいた富士山が大噴火を起こした。噴火した49日前には、マグニチュード※8から9の大規模な宝永地震が起きていたんだ（→3巻）。

　火山の噴火は、マグマの上昇によって起きるよね。このときの富士山の噴火も、地下にたまっていたマグマが一気に上昇して起きた。そのきっかけが巨大な地震。巨大な地震によって、火山のまわりを押していた地殻の力が抜け、マグマが上昇しやすくなったんだ。

※マグニチュード…地震が出したエネルギーをあらわす値。地震そのものの大きさをあらわす。

巨大な地震が発生する前／火山のまわりは、地殻の力で押されている。／マグマだまり

巨大地震が発生すると、噴火が起きやすい／地殻の力が抜け、マグマが上昇しやすくなる。／マグマだまり

活火山の位置と過去に起きたおもな地震の震源地

奄美群島・沖縄諸島

先島諸島

▲は活火山のある場所

十勝沖地震
北海道の十勝地方の沖合で、2003年、マグニチュード8の地震が起きた。同じ規模の地震が、19世紀から4回起きている。

新潟地震
新潟県の中越地方沖は地震が多発する地帯で、近年では、2004年と2007年に、マグニチュード6.8の地震が起きている。

ユーラシアプレート

北アメリカプレート

東日本大震災
2011年3月に起きたマグニチュード9の地震。震源は岩手県から茨城県までと広く、日本史上、最大の地震といわれている。

太平洋プレート

関東大震災
1923年に起きたマグニチュード7.9の地震。神奈川県の相模湾北西が震源地で、神奈川県と東京都を中心に、千葉県、茨城県、静岡県まで影響をあたえた。

フィリピン海プレート

伊豆大島近海地震
1978年、伊豆大島西岸沖でマグニチュード7の地震が起きた。2014年にもマグニチュード6.0の地震が起き、どちらも海洋プレートの沈みこみによるものだ。

　日本は地震が多い国です。地震の原因になる北アメリカプレート、ユーラシアプレート、フィリピン海プレート、太平洋プレートの4つのプレートにかこまれているからです。
　また、沈みこみ帯にできた日本は、火山も多く存在します。しかし、地震と火山の噴火は関係があるとは限りません。活動が活発な火山は、自分のリズムで活動するからです。ただし、活動を休んでいた火山が、巨大地震をきっかけに、噴火することはあります（→28ページ）。

第3章
火山の種類と形

日本に多い火山の形

同じ火口から何度も噴火をくり返す火山を複成火山といいます。複成火山は、高さのある大きな山になります。日本の火山の多くは、複成火山だといわれています。

そのなかで、特に日本で多く見られる火山の地形は、成層火山です（→32ページ）。成層火山とは、富士山のように円すい形をした火山で、日本の火山のほとんどがこの形をしています。

たとえば、福島県の磐梯山には「会津富士」という別名がありますが、日本各地に、「○○富士」という名前のついた火山がたくさんあります。その多くが、富士山によく似た成層火山である場合が多いのです。

成層火山以外には、小高い丘のような形、頂上がとがった形、反対にへこんだ形などの火山が見られます。へこんだ形の火山には、水がたまることもあります。

なお、一度の噴火で活動を終え、二度と同じ火口から噴火をしない火山を独立単成火山といい、日本には少ないのが特徴です。

北海道にある羊蹄山。「蝦夷富士」という別名がついた成層火山だ。

（写真提供／産総研　白尾元理）

さまざまな火山の形

第3章　火山の種類と形

いろいろな火山の形

火山の形はマグマのようすと関係があります。粘り気の強い、どろどろのマグマだと、火山は高くもり上がり、粘り気の少ないさらさらのマグマだと、平たい形になります。

たとえば、北海道の樽前山にできた溶岩ドームは、どろどろのマグマからできた火山です。ハワイ島のキラウエア山は、さらさらしたマグマからつくられた、盾状火山です。

また、富士山や北海道の羊蹄山は爆発的噴火と溶岩流の噴火をくり返し成長した成層火山です。日本には、盾状火山がほとんどなく、成層火山がたくさん見られます。

> **豆知識**　マグマにふくまれている、ケイ酸塩が多いほど、マグマの粘りが強くなるよ。

盾状火山

粘りの弱いマグマが火口からくり返し流れ、傾斜のゆるやかな火山をつくる。盾をふせたような形に見えるので、盾状火山とよばれる。

ハワイ島にある、標高4170mのマウナロア山（アメリカ）。

（写真提供／群馬大学教育学部）

成層火山

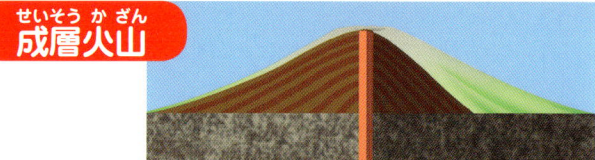

溶岩と火山砕屑物が、長い年月の間に積み重なってできた円すい形の火山。富士山など、日本の火山に多く見られる。複成火山のひとつ（→30ページ）。

標高924mの開聞岳。頂上に溶岩ドームがある（鹿児島県）。

（写真提供／産総研　Y.Kawanabe）

溶岩ドーム

溶岩円頂丘ともいう。粘り気の強いマグマが流れていかず、その場でかたまると、お椀をふせたような、もり上がった地形がつくられる。

（写真提供／産総研　H.Seo）

標高1102mの樽前山。1909年、中央火口丘に最大径が450mの溶岩ドームができた（北海道）。

溶岩台地

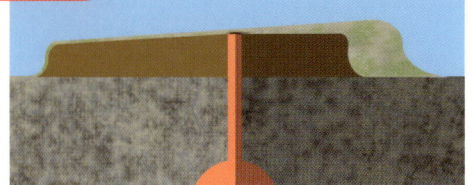

粘りの少ないマグマが、地殻の割れめから大量に流れ出てできる。世界最大の溶岩台地は、面積50万km²のインドのデカン高原。

阿武火山群のひとつ、羽島の溶岩台地（山口県）。

（写真提供／産総研　H.Matsuura）

火砕丘

噴火で火山の外へ押し出された火山砕屑物が、火口の周辺に円すい形に積み上がってできた。伊豆半島にある大室山もこの地形。

阿蘇山の直径約380mのスコリア丘。約2000年前につくられた（熊本県）。

（写真提供／産総研　J.Itoh）

火山岩尖

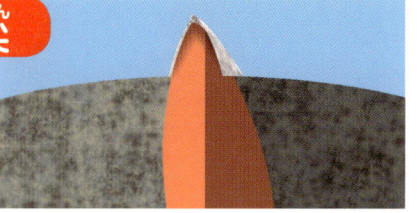

塔のように、先が突き出た形の火山。粘り気の強いマグマが、地下からゆっくりと押し出されてできた。溶岩ドームの頂上に見られることがある。

マルティニーク島にあるモンプレー山の火山岩尖。1902年の噴火でできて、すぐにこわれた（西インド諸島）。

マール

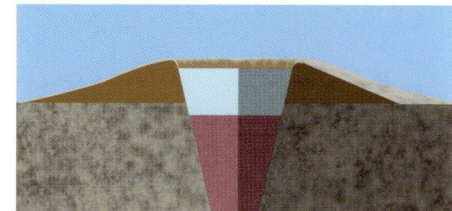

火口の近くにあった岩石が、噴火で飛ばされて火口のまわりにたまってできた。火口の中に水がたまって池になることもある。

マグマ水蒸気噴火によって、三宅島にできたマール。できたあと、波に浸食されてなくなった（東京都）。

（写真提供／産総研　須藤茂）

第3章　火山の種類と形

カルデラ

面積約380km²の、日本で2番目に大きい阿蘇カルデラ。中央は烏帽子岳、後方にカルデラの外輪山が見える（熊本県）。
（写真提供／産総研　H.Seo）

　カルデラは、成層火山などが巨大な噴火を起こしたときに、火山の近くが落ちこんでできた、直径2km以上の円形のくぼ地だ。カルデラの中に、新たな噴火によって火山ができたり、水がたまって湖ができることもある。
　大噴火が起きるときは、大量のマグマが、マグマだまりからふき出す。このとき、マグマだまりの天井が落ちこんで、カルデラができるんだ。
　また、玄武岩の火山が噴火を起こすときは、マグマは真上ではなく、横方向に抜ける。そのときも、マグマだまりの天井が落ちこんで、カルデラができる。ハワイ島にあるキラウエア山のカルデラも、このようにしてできた。

> カルデラの中に火山ができるってすごい！

ハワイ島のキラウエアカルデラ。中央はハレマウマウ火口（アメリカ）。（写真提供／群馬大学教育学部）

東西3km、南北2kmの榛名カルデラの全景。カルデラ内に多数の火山がある。中央は約1390mの榛名富士溶岩ドーム（群馬県）。
（写真提供／産総研　S.Nakao）

34

水中や氷河の火山

火山は陸地だけでなく、海や湖などの水中にもできます。日本のまわりの海には、陸地以上にたくさんの海底火山があって、時には噴火によって新しい島をつくります。

けれども、波や風の影響で沈んでしまったり、海の底にある火口を観察できないために、噴火に気づかなかったりすることもあります。

ちょっと、不思議に思うかもしれませんが、氷におおわれた大陸にも火山があるのです。南極やアイスランドなどの氷河の底の火山では、活発な噴火活動が見られます。

海底火山

海の底にできる火山。深いところではマグマが水蒸気の泡をつくれないので噴火は小さめ。けれども、浅いところでは、水蒸気噴火を起こす。噴火で、溶岩、火山灰、軽石などがふき出し、海水の色が変わる。

1986年に福徳岡ノ場でマグマ水蒸気噴火が起き、新島ができた。しかし、その後、波に侵食されて消えてしまった（東京都）。

（写真提供／産総研　J.Ossaka）

豆知識　氷河の底で噴火が起きることを氷底噴火というよ。

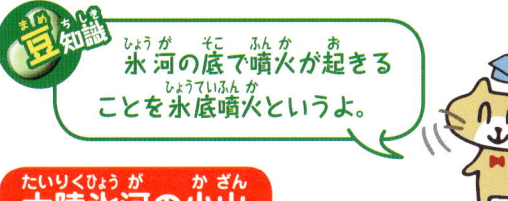

火山湖

火山の火口に、水がたまってできる火口湖や、カルデラの中に、水がたまってできるカルデラ湖は、どちらも「火山湖」とよぶ。火山湖は、北海道や鹿児島県を中心にたくさんあり、中でも、北海道の屈斜路湖は、面積が約80km²もある日本最大の火山湖だ。

中央が屈斜路湖。屈斜路カルデラは、約34万年～約3万年前まで10回程噴火がくり返されてつくられた（北海道）。
（写真提供／産総研　S.Nakao）

大陸氷河の火山

雪や氷におおわれた、寒さがきびしい地域では、氷河※をつらぬいて火山が噴火する。山頂に溶岩湖がある、南極のエレバス山では、1973年にストロンボリ式噴火をくり返していた。また、大西洋中央海嶺とホットスポット上にあるアイスランドは、温泉がわき、活発な噴火が起きる火山島だ。

1843年に発見された氷河の火山、エレバス山。山頂にある溶岩湖から火山ガスがふき出している（南極）。

※氷河…ふり積もった雪が、厚い氷のかたまりになって流れるもの。陸地全体をおおう氷河を大陸氷河という。

第4章 火山のめぐみ

火山による地形変化

火山がくり返す活発な噴火活動は、火山の形や、まわりのようすを変えていきます。

火山の近くに新しい山を誕生させたり、頂上に湖や池などをつくることもあり、変化に富んだ特徴のある景色を生み出していきます。

山のふもとでは温泉がわき出し、私たちの体と心をいやしてくれます。

さらに、温泉に使われる地熱は、自然エネルギーとしても利用され、人々の暮らしを支えています（→40ページ）。

また、火山灰などの火山砕屑物は、長い年月の間に広大な台地になって、植物を育てます。

私たちが、ふだん口にしているキャベツやサツマイモなどの野菜も、火山の噴火がもたらしためぐみであることが多いのです。

火山が引き起こす自然現象は、時として大きな災害にもつながりますが、同時に、私たちの暮らしを豊かにしてくれているのです。

約2万年前、男体山の噴火によって誕生した、美しい景観の中禅寺湖（栃木県）。

火山が運ぶ大自然の贈り物

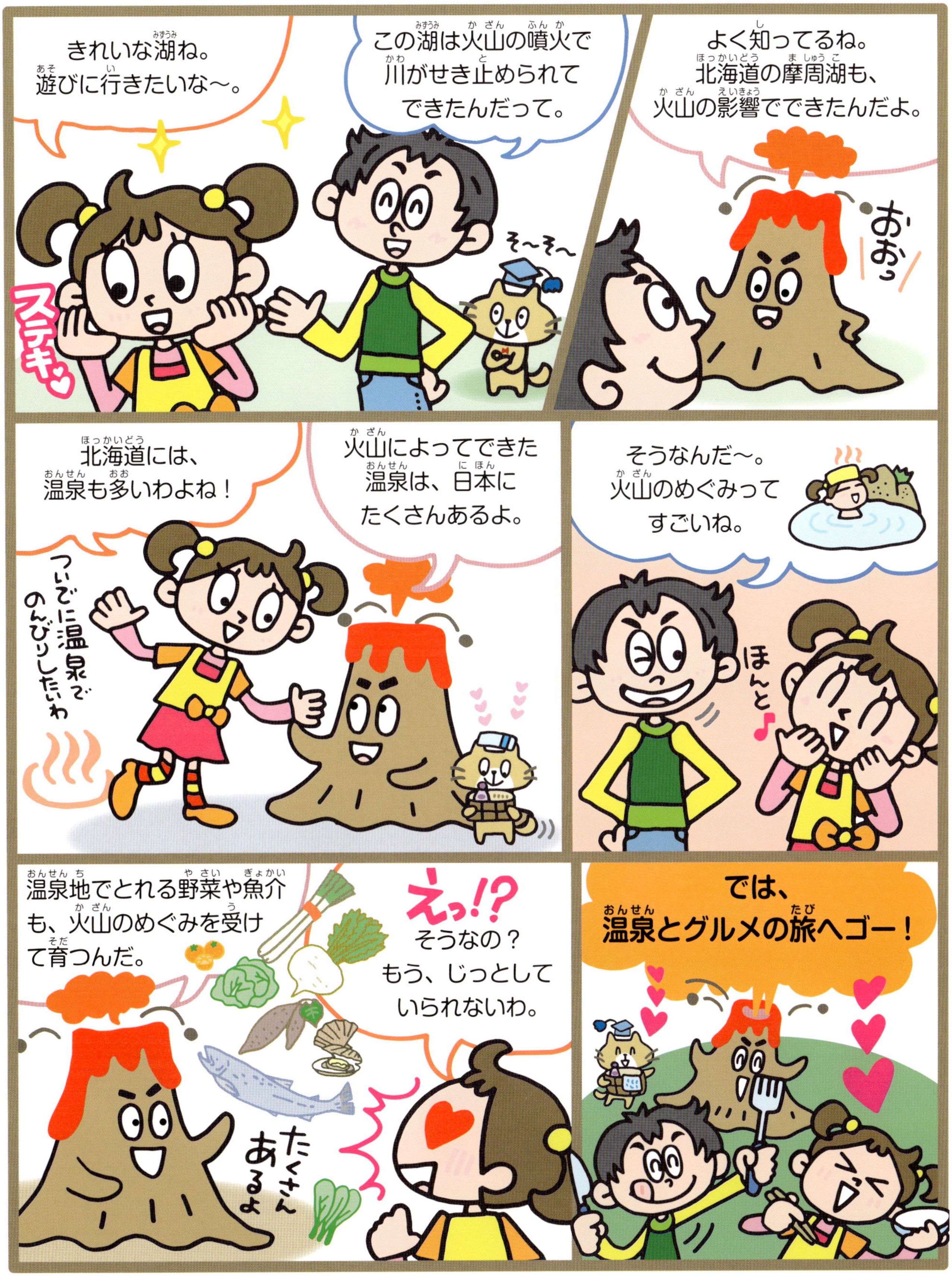

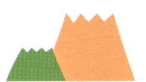

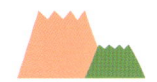

第4章 火山のめぐみ

火山性の温泉

全国には、3098か所の温泉地があります（2013年環境省調べ）。中には火山性温泉がふくまれます。

火山性温泉は、火山の地下を流れる地下水が、マグマだまりの熱で温められることによってできる温泉です。地下水は、雨水や雪解け水が、地下にしみこんだものです。

マグマで温められた地下水は、断層などでできた岩石の割れめから地面にわき出します。地下水が深い場所にあるときは、掘削機を使ってくみ上げ、温泉として利用します。

また、マグマの中の火山ガスや熱水が地下水にまざったり、地下水にまわりの岩石から温泉の成分が溶け出したりして、さまざまな泉質の温泉ができると考えられています。

鉄輪温泉（大分県）

温泉湧出量、日本一の別府八湯のひとつ。鶴見岳、伽藍岳のふもとにある。

Q&A 火山がない場所でも、温泉があるのはどうして？

火山がない地域でも温泉があるのは、地熱という地球の熱エネルギーで地下水が温められるため。この温泉はマグマとは無関係で、どこでも約1500m掘ると、30℃～40℃の地下水をくみ出せるよ。

反対に、マグマと関わりのある温泉もある。マグマが冷えかたまる途中の高温の岩石に、地下水が温められてできた温泉だ。マグマが完全に冷えるまでは、ふつう、数万年から数10万年かかるといわれているので、今はその場所に火山がなくても、大むかしには、活発な火山活動が行われていた証拠だと考えられている。

このほかにも、数100万年間、地層にとじこめられていた海水が、地熱や高温の岩石で温められ、温泉として利用されることがあるよ。

豆知識：温泉にふくまれる成分を調べると、火山性温泉か、そうでないかわかるんだ。

火山性温泉  / **地熱で温められた温泉**

おもな温泉と火山性温泉の分布図

日本の温泉は全国に分布し、その多くが火山のまわりに集中しています。火山のまわりにある温泉は、約1000℃のマグマの熱で温められた火山性温泉です。

登別温泉地獄谷（北海道）
日和山の噴火活動でできた火口から、大量の温泉がわき出している。

蓮華温泉（新潟県）
白馬連峰の、標高1500mにある山の温泉。泉質のちがう7つの露天風呂が有名。

後生掛温泉（秋田県）
泥火山、湯沼など、八幡平の山のいたるところで温泉がわき出るのを見られる。

大涌谷温泉（神奈川県）
箱根山の噴火でできた谷からわき出る温泉。2015年6月にも小さな噴火があった。

草津温泉（群馬県）
草津白根山のマグマで温められてできた。草津町の湯畑には1分間に約4600Lの温泉がわき出る。

▲は活火山
●は温泉のある場所

奄美群島・沖縄諸島
先島諸島
小笠原諸島

第4章　火山のめぐみ

地熱の利用

　地球の中は超高温で、深い場所ほど温度が高く、地下1000mで地上より20℃〜30℃くらい高いのが特徴です。

　火山がある地域は、地下から900℃〜1200℃の高温のマグマが上昇してくるため、ほかの地域より地下の温度は高温です。深さ1000m〜3000mの場所で約150℃〜350℃もあるのです。

　この特徴を生かした取り組みが、地熱を利用したエネルギーの開発です。

　たとえば火力発電で、発電機のタービンを回すには、重油や石炭が必要ですが、地熱発電では、熱水や蒸気などの地下の熱資源を使ってタービンを回せます。使った蒸気や熱水は温泉や冷暖房などに再利用されています。

　また、二酸化炭素の排出量は、火力発電の約400分の1といわれています。

　地熱エネルギーの開発はいまだ途中で、使われていない地域もたくさんありますが、永久に使えるクリーンエネルギーとして、今後の開発が期待されています。

> **豆知識**　雨水や海水は次々と地層にたまるので、永久に使える資源といわれるよ。

全国に18か所ある地熱発電所

　全国には現在、地熱発電所が18か所あるといわれている。九州が9か所、東北が7か所、北海道、東京の八丈島に、それぞれ1か所ずつある。

八丁原地熱発電所（大分県）

　大分県九重町にある「八丁原地熱発電所」は、日本最大の地熱発電所だ。2機の稼働機で、合計11万kwの電力を出力している。

　1.5万kwで人口20万人の都市の電力をまかなえるといわれているので、人口120万人の大分県の住民が使う電力をカバーできる。

　この発電所は、阿蘇くじゅう国立公園の中にあって、見学施設といっしょに建っているよ。

松川地熱発電所（岩手県）

　岩手県八幡平市の松川地熱発電所は、商業用として建てられた日本初の地熱発電所で、1966年に運転が始められた。現在、最大出力は2万3500kwで、蒸気を利用した発電を行っている。また、電力のほかに、温泉をつくって地元に供給しているんだ。

　発電所の近くにある展示室には、実物のタービンがあって、地熱発電のしくみを知ることができるよ。

Q&A 火山のおかげで開発された、鹿児島県のシラス台地の名物を教えて

シラス台地は、桜島や阿蘇山などの活発な火山活動によって厚くたまった、火山砕屑物でできている。火山砕屑物の中身は、粒の細かい軽石や火山灰などで、鹿児島県では「シラス」とよんでいるんだ。

つまりシラス台地の名物は、シラスの加工品。入浴用の「軽石」や、研磨剤などの工業用品、建設材料、園芸品などが生産されているよ。

線路内の緑化

鹿児島市を走る路面電車には、線路の下にシラスからつくられた、芝生が敷きつめられている。シラスの持つ保水力を利用した緑化と、ヒートアイランド現象をおさえるなどの、省エネルギー対策がとられているよ。

土木事業

シラスはじょうぶなので、コンクリートとまぜて建材にも使われている。鹿児島ではその建材を使って住宅や施設がたくさん建てられているよ。

粘土とシラスをまぜてつくった建材で建てられた、レンガづくりの建物。（写真提供／南国殖産株式会社）

約2万5000年前の姶良カルデラの大噴火で、火砕流が発生し、半径70km以上も流れてシラス台地をつくった。厚さは高い場所で100mをこえる。

火砕流が積み重なったシラス台地の地層。

商品開発

軽石のざらざらとした性質を利用して入浴用商品などがつくられている。

鹿児島県でつくられている、軽石の雑貨。泡でできた穴がたくさん見える。

豆知識

シラスは魚のしらすじゃないよ。軽石や火山灰のことをいうよ。

第4章　火山のめぐみ

食のめぐみ

火山の多い日本は、地方によっては、火山灰がふり積もってできた農地があります。

たとえば、鹿児島県のシラス台地のように、軽石をふくんだ火山灰が積もってできた土は、水はけがよいという特長を持っています。

ですから、ダイコン、キャベツ、ネギなどのような、水はけのよい土を好む野菜を育てるには、ぴったりの環境といえるでしょう。

また、火山の噴火は海岸の地形にも影響をあたえます。有珠山の噴火でできた海岸によって、新鮮な魚などがとれる漁場ができたのです。

> 火山は危険なばかりでなく、めぐみももたらしてくれるんだ。

シラス台地（鹿児島県）

1年のうちに何度も噴火する桜島では、その環境に合った野菜が育てられた。200年以上前からつくられている巨大な桜島大根は、桜島の噴火で積もった軽石をふくむ土地で育つ。軽石が空気と水をよくふくみ、大きくておいしいダイコンができるんだ。また、農地に積もるシラスは水はけがよく、もともと乾燥に強いサツマイモがすくすく育っているよ。

豆知識　水はけがよい理由は軽石がふくまれているからだよ。

サツマイモがすくすくと育つ、シラス台地。（写真提供／谷田青果）

（写真提供／有限会社かねやま）

世界一大きなダイコンといわれている桜島大根。

サツマイモの収穫。全国でつくられる約40％が鹿児島産だ。（写真提供／谷田青果）

嬬恋村（群馬県）

キャベツの産地として、全国的に有名な群馬県の嬬恋村も、浅間山の火山のめぐみを受けているよ。キャベツは、火山灰と腐葉土がまざった「黒ボク」で育つ。黒ボクは、水のふくみと水はけがとてもいいんだ。また、キャベツ畑の年間の平均気温は8℃。すずしい環境もキャベツがよく育つ理由のひとつだよ。

キャベツ畑と浅間山。

火山灰と、栄養たっぷりの腐葉土でできた、嬬恋村のキャベツ畑。

内浦湾（北海道）

内浦湾（噴火湾）は、北海道の有珠山と北海道駒ケ岳にはさまれた場所にある。噴火湾では、ホタテ漁、サケ、スケトウダラなどを中心にして魚介がたくさんとれるよ。それは、約7000年前から8000年前に有珠山が山体崩壊して、岩屑なだれが起きたことと関係がある。海に大量の土砂が流れこみ、内浦湾の海外線を入り組んだ形に変えたので最適な漁場が生まれたんだ。

多くの火山にかこまれた噴火湾。

漁を行うホタテ漁船とうしろにそびえる北海道駒ケ岳。

（写真提供／3枚とも、北海道水産林務部水産経営課・北海道お魚図鑑より）

ホタテの水揚げのようす。

内浦湾でとれた、新鮮なホタテ。

第4章 火山のめぐみ

火山のことがわかる地形

日本の有名な火山がある場所には、火山の成り立ちや、地形のようすを知ることができる、国立公園やジオパークがあります。

ジオパークは、火山の噴火や地震など、地球の活動によって生まれた特殊な地形を観察できる自然公園です。2015年12月現在、国内には39か所の日本ジオパークがあって、そのほとんどに、活火山がふくまれています。

自然とのふれ合いを楽しみながら、地形を観察してみると、過去の噴火活動のようすや、未来の火山の姿をイメージすることができるでしょう。

北海道

北海道の火山は、有珠山や十勝岳など、大規模な噴火をくり返した影響で、地形が大きく変わった火山が多い。世界ジオパークに登録されている有珠山では、火山活動によって生まれた新山や、銀沼火口を見て回ることができるよ。

■知床世界自然遺産・知床国立公園
　知床硫黄山、羅臼岳、天頂山
■阿寒国立公園
　摩周湖、アトサヌプリ、雄阿寒岳、雌阿寒岳
■大雪山国立公園　大雪山、十勝岳、丸山
■利尻礼文サロベツ国立公園　利尻山
■支笏洞爺国立公園
　樽前山、恵庭岳、倶多楽、有珠山、羊蹄山
■洞爺湖有珠山ジオパーク　有珠山

東北地方

東北地方の火山は、関東や九州の火山に比べて、活動の間隔が長い火山が多いよ。けれども、十和田火山のように、大むかしに、爆発的な噴火を起こした火山もあるし、磐梯山のように山体崩壊を起こした火山もあるんだ。

国立公園やジオパークでは、噴火の激しさや、噴火によってできたカルデラ湖などが観察できるよ。

■十和田八幡平国立公園
　八甲田山、十和田湖、秋田焼山、八幡平、岩手山、秋田駒ケ岳
■磐梯朝日国立公園　安達太良山、吾妻山、磐梯山
■磐梯山ジオパーク　磐梯山
■尾瀬国立公園　燧ケ岳

> 火山や火山湖など、自然の美しい地形を観察できる公園なんだね。

火砕流とプリニー式噴火で生まれた十和田湖（青森県）。

関東・中部地方

プレートの沈みこみなどの影響で、火山が列をつくっている地域。たとえば、群馬県にある浅間山の鬼押出しの塊状溶岩や、草津白根山の火口湖など、めずらしい地形が多く見られる。ほかにも富士山の山頂火口や箱根山の大涌谷など、大噴火の跡が観察できるよ。

■日光国立公園
　那須岳、高原山、日光白根山
■県立榛名公園　榛名山
■上信越高原国立公園
　草津白根山、浅間山、妙高山
■糸魚川世界ジオパーク　新潟焼山
■中部山岳国立公園　弥陀ケ原
■白山国立公園　白山
■富士箱根伊豆国立公園
　富士山、箱根山、伊豆東部火山群、
　伊豆大島、利島、新島、神津島、
　御蔵山、三宅島、八丈島

伊豆諸島

伊豆諸島では、伊豆大島から八丈島までまっすぐに火山が列をつくっている。

各島の火山岩のようすを観察することで、火山の成り立ちを知ることができるよ。伊豆大島では三原山の溶岩流のあとや、山頂火口を観察することができるんだ。

男体山の噴火でできた中禅寺湖と華厳の滝（栃木県）。

豆知識 阿蘇山の火口湖は噴火していないときに水がたまるよ。

中国・九州・南西諸島

九州地方は、活発な火山活動でできた火山が多い。阿蘇山では、今も活動中の中岳や、米塚スコリア丘などが見られるよ。雲仙岳では、火山ができたときの地層が観察できる。桜島の黒神地区では、ふり積もった軽石でうまった神社がそのまま保存されているんだ。

■大山隠岐国立公園　三瓶山
■阿蘇くじゅう国立公園　九重山
　鶴見岳、伽藍岳、由布岳、阿蘇山
■阿蘇ジオパーク　阿蘇山
■雲仙天草国立公園　雲仙岳
■島原半島世界ジオパーク　雲仙岳
■西海国立公園　福江火山群
■霧島錦江国立公園　霧島山、若尊、
　桜島、池田・山川、開聞岳
■霧島ジオパーク　霧島山、若尊、桜島
■屋久島国立公園　口永良部島

阿蘇山の巨大なカルデラの中にある中岳の火口。左にあるのは火口湖（熊本県）。
（写真提供／産総研　H.Seo）

45

さくいん

あ

アア溶岩 ………………………………… 22
安山岩 …………………………………… 22

か

外核 ……………………………………… 10,11
海溝 ……………………………… 10,12,13,28
塊状溶岩 ………………………………… 22,45
海底火山 ………………………………… 35
海洋プレート ……………………… 10〜13,28,29
海嶺 …………………………………… 10〜13,35
核 ………………………………………… 10,11
火口 ……… 8, 9,14,17,18,20,21,23,24,26,
　　　　　　　27,30,32,33,35,39,45
火口湖 ……………………………… 23,24,35,45
火砕丘 …………………………………… 33
火砕流 ………………… 14,17,19〜21,24,41,44
火山ガス ……… 8,16〜19,21〜23,26,35,38
火山活動 ………………… 14,26,38,41,44,45
火山岩 …………………………………… 22,45
火山岩塊 ………………………………… 20,21
火山岩尖 ………………………………… 33
火山湖 …………………………………… 35,44
火山砕屑物 ……… 17,20,21,23〜25,32,33,36,41
火山性温泉 ……………………………… 38,39
火山性地震 ……………………………… 28
火山性地殻変動 ………………………… 27
火山性微動 ……………………………… 28
火山帯 …………………………………… 12,13
火山弾 …………………………………… 20
火山泥流 ………………………………… 21,24
火山灰 …………… 6, 8, 9,14,17,19〜21,24,
　　　　　　　35,36,41〜43
火山雷 …………………………………… 25
火山礫 …………………………………… 19〜21
火山列 …………………………………… 12,13
活火山 …………………………… 17,29,39,44
火道 ……………………………………… 8,9
下部マントル …………………………… 10,11
軽石 …………………………… 19,21,35,41,42,45
カルデラ ………………………… 34,35,44,45
岩屑なだれ ……………………………… 25,43
カンラン石 ……………………………… 10,11,16
北アメリカプレート …………………… 29
ケイ酸塩 ………………………………… 18,22,32
玄武岩 …………………………………… 22,34

さ

サージ …………………………………… 14
山体崩壊 ………………………………… 25,43,44
地震 ……………………………… 26,28,29,44
沈みこみ帯 ……………………………… 12,13,29
自然エネルギー ………………………… 17,36,40
上部マントル ………………………… 10〜13,28
シラス …………………………………… 41,42
シラス台地 ……………………………… 41,42
深成岩 …………………………………… 22
水蒸気噴火 ……………………………… 14,17,35
スコリア ………………………………… 19,21
スコリア丘 ……………………………… 33,45
ストロンボリ式噴火 …………………… 18,35
成層火山 ………………………………… 30〜32,34
側火山 …………………………………… 9

た

太平洋プレート……………………………29
大陸氷河……………………………………35
大陸プレート………………10〜13,28,29
盾状火山……………………………………32
地殻……………………………8,10,11,28,33
地殻変動…………………………………14,27
地溝…………………………………………26
地熱…………………………………36,38,40
地熱発電………………………………17,40
泥火山………………………………………39
デイサイト…………………………………22
島弧……………………………………12,13
独立単成火山………………………………30
土石流…………………………………24,25

な

内核………………………………………10,11
二酸化硫黄…………………………8,17,23
二酸化炭素………………………8,16,23,40
熱活動………………………………………26
熱観測…………………………………26,27

は

パホイホイ溶岩……………………………22
ハワイ式噴火…………………………17,18
フィリピン海プレート……………………29
氷底噴火……………………………………35
複成火山…………………………………30,32
プリニー式噴火…………………17〜19,44
ブルカノ式噴火………………………18,19
プレート………………6,10〜13,28,29,45
噴煙……………………………………9,19,21

ま

噴火………………4,5,6,8,9,12〜21,
　　　　　　　　23〜37,39,41,42,44,45
噴気孔………………………………………23
ホットスポット………………11〜13,17,35

ま

マール………………………………………33
マグニチュード………………………28,29
マグマ……………8〜14,16〜22,26,28,
　　　　　　　　　　32〜35,38〜40
マグマ水蒸気噴火……………14,17,19,33
マグマだまり…8,9,13,14,16,17,23,28,34,38
マグマ噴火…………………………14,17,18
マントル……………………………8,10〜13

や

融雪型泥流…………………………………24
ユーラシアプレート………………………29
湯釜…………………………………………23
溶岩…………6,8,14,18〜20,22,23,25,32,35
溶岩円頂丘…………………………………32
溶岩湖………………………………………35
溶岩台地……………………………………33
溶岩ドーム……………………………32〜34
溶岩流……………8,9,19,21,22,24,32,45

ら

硫化水素…………………………………8,23
流紋岩………………………………………22

- ● 監修　　　　　　高田亮
　　　　　　　　　（産業技術総合研究所　理学博士）

- ● 写真協力　　　　気象庁、産業技術総合研究所、高田亮、K.Watanabe、S.Nakano、S.Suto、J.Itoh、H.Seo、白尾元理、須藤茂、Y.Kawanabe、H.Matsuura、J.Ossaka、西予市城川地質館、消防防災博物館、Shigeo.Aramaki、三松三朗、群馬大学教育学部、南国殖産株式会社、谷田青果、有限会社かねやま、北海道水産林務部水産経営課

　　　　　　　　　アマナ・イメージズ、ゲッティイメージズ、フォトライブラリー、NASA

- ● 装丁・デザイン　有限会社 ねころのーむ
- ● イラスト　　　　いなみ　さなえ、中原武士
- ● マンガ　　　　　伊東ぢゅん子（COCOTTE）
- ● 執筆・編集協力　望月裕美子
- ● 編集制作　　　　株式会社アルバ

火山ビジュアルガイド ①
火山のしくみ

初版発行／2016年2月

監修　　高田亮
発行者　升川秀雄
編集　　髙松保江
発行所　株式会社教育画劇
　　　　住所　東京都渋谷区千駄ヶ谷 5-17-15
　　　　電話　03-3341-3400
　　　　FAX　03-3341-8365
　　　　http://www.kyouikugageki.co.jp
印刷所　大日本印刷株式会社

©KYOUIKUGAGEKI.co.ltd　Printed in Japan
本書の無断転写・複製・転載を禁じます。乱丁・落丁はおとりかえいたします。
NDC450/48P/29 × 22cm
ISBN978-4-7746-2043-5（全3巻セット　ISBN978-4-7746-3033-5）